专家寄语

　　地球从形成到现在经过了 46 亿年，在这个漫长的过程中，地球上的生物都发生了哪些变化？最早的植物是怎样诞生的？它们经过了怎样的进化过程，才变成了今天的样子？植物的进化永远是一门令人兴奋不已的学问。对孩子来说，植物进化的过程一直是充满吸引力的话题。本系列图书将向孩子展示一个从地球早期生物起源到裸子植物时代，再到被子植物时代的缤纷植物世界，囊括了丰富的植物科学知识，内容具有独特性、稀缺性，向孩子全方位地展现了常见植物的独特与神奇，不仅能够培养孩子从不同角度观察、思考的能力，更能够大大丰富他们的想象力、提高他们的创造力，是一套不可多得的植物科普读物。

中国科学院院士
中国植物学会理事长

植物进化史

人与植物的
共生

匡廷云 郭红卫 ◎编
吕忠平 谢清霞 ◎绘

吉林出版集团股份有限公司|全国百佳图书出版单位

地质年代与生物演化阶段表

约 46 亿年前

150 亿年前，宇宙诞生了，地球作为宇宙中的一颗行星，起源于约 46 亿年以前的原始太阳星云。从地球诞生到地球生命的出现，这期间经历了几十亿年的大演变。

泥盆纪

4 亿 1000 万年前

志留纪

4 亿 4300 万年前

奥陶纪

4 亿 9000 万年前

寒武纪

5 亿 4300 万年前

震旦纪

6 亿 8000 万年前

3 亿 5400 万年前

石炭纪

2 亿 9000 万年前

二叠纪

2 亿 4800 万年前

三叠纪

2 亿 600 万年前

侏罗纪

1 亿 3700 万年前

在 258 万年前的第四纪，地球生物界的面貌已接近于近现代。哺乳动物的进化相当惊人，人类的出现也成为第四纪最重要的标志。

第四纪

258 万年前

新近纪

2330 万年前

古近纪

6500 万年前

白垩纪

目　录

身边的植物世界

从清晨到傍晚，无论是一日三餐还是生活的环境，我们都与植物密不可分。

小麦

生菜

面粉

棉花

织布用的植物纤维、制作家具用的木材、造纸用的材料，一切都离不开植物。

冬天取暖使用的煤炭，也是埋藏在地下的远古植物经过上亿年形成的。

柠檬水

菊花茶

茶叶

我们用植物的叶子、花朵、果实和种子制作饮料。

许多植物都被我们用作药材。

我们往身上涂抹各种由植物萃取物制成的护肤品，喷洒用植物制作的香水。

我们从来不会对市场上一年四季都很丰富的蔬菜品种感到惊讶，因为觉得那理所当然。

苹果

似乎总有源源不断的各种水果供我们挑选，但事实上其中很多并非产自我们所在的地区。

我们在建造房屋的时候使用木材。

工业生产
的方方面面也
离不开木材。

古今中外的各类文学作品
中到处都有植物的身影。

梅花

在人类的历史上，
植物一直扮演着不可
或缺的角色。

竹

栗子树

野生树莓

野生草莓

从早期智人发展至今，人类经
过了 20 多万年。而早在 1 亿多年前，
地球上就出现了开花的被子植物。
植物为人类提供了各种食物和原材
料，加速了人类文明的发展。

从保存野火到钻木取火，植物也一直陪伴着人类。

引野火

古人类在数万年前就已经开始采集和食用植物，或者用植物治疗疾病。

原生小麦

已消失的尼安德特人曾经在埋葬死者时使用风信子和矢车菊等花卉。

风信子、矢车菊

人类栽培植物的历史可追溯至新石器时代，那时的人类学会了种植粮食作物，这就是最初的农业生产。

植物的种子落到土壤表面，有可能生根发芽，更有可能腐烂。为了提高繁殖成功的概率，草本植物种子的数量一般会很多。

农作物大多由人类播种，会在合适的季节被放到合适的土壤中去，因此会大面积顺利生长。

野生稻

除了粮食作物以外，古人还学会了种植亚麻、葛、苎麻和棉花。

亚麻

葛

棉花

矮接骨木

黄木樨草

公元前 5000 年，我国黄河、长江流域居民利用葛、麻纺织；尼罗河流域的古埃及人利用亚麻纺织；亚洲南部印度河流域居民和南美洲的印加人利用棉花纺织。

古人还发现了能够给纺织品染上颜色的植物。古代欧洲人利用茜草、黄木樨草、矮接骨木等植物的色素，已经能把衣服染成红、黄、蓝、紫等颜色。

食物中的 禾谷类

高粱

小麦

禾本科植物很可能起源于白垩纪末期。第三纪中后期，它们已经遍布世界各地。部分禾谷类作物由于营养丰富成了古代人偏爱的食物，比如水稻、小麦、大麦、燕麦、黑麦、玉米、高粱、小米等。

大麦

水稻

玉米

乌拉尔图小麦

小麦的种植历程

一粒小麦

小麦是禾本科早熟禾亚科植物。约 100 万年前，世界上出现了野生一粒小麦和乌拉尔图小麦。大约 50 万年前，乌拉尔图小麦与拟山羊草自然杂交产生了野生二粒小麦。

大约 18 000 年前，最后一个冰河时代结束，全球气候变暖。随着气温上升，降雨也增多。这种新气候非常适合小麦和其他谷物生长，人类也越来越多地采集和食用小麦。

拟山羊草

8

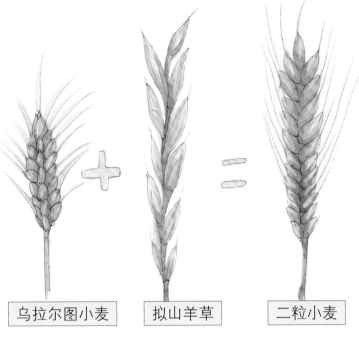

乌拉尔图小麦 + 拟山羊草 = 二粒小麦

约 10 000 年前，西亚人为了采集野生小麦制造出了石镰刀。他们挑选出成熟时麦穗不容易断裂的野生小麦播种栽培，这样可以让籽实留在麦穗上，便于收获。

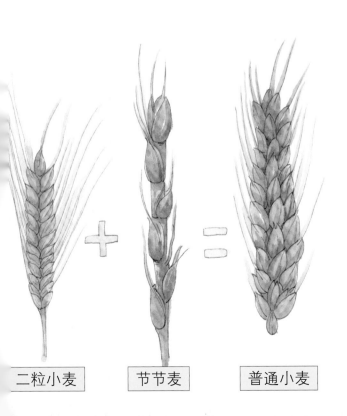

二粒小麦 + 节节麦 = 普通小麦

在小麦生长特别茂盛的地方，猎物来源通常也很丰富，于是人类逐渐放弃四处流浪的生活方式，定居下来。

收割的小麦

磨砺

石镰

约 9000 年前，西亚人已经开始栽培一粒小麦、二粒小麦。大约 8000 年前，在里海沿岸，二粒小麦与又一种野生植物节节麦发生天然杂交，最终形成了今天栽培最广泛的普通小麦。

青稞也是大麦吗?

　　大麦是世界上最古老的种植作物之一,在我国已有 5000 年以上的栽培历史,新石器时代中期,古羌族就已在黄河上游开始栽培大麦。

　　大麦的麦穗是由许多"小穗"组成的。每 3 个小穗组成一个三叉形的结构,叫作三联小穗。许多个三联小穗在穗轴上排成相对的两列,便组合成整个麦穗。

　　大麦的籽粒有带皮和裸粒两种类型。裸粒的大麦有一个我们比较熟悉的名字——青稞。

　　大麦是所有谷物中最适合用来酿酒的一种,威士忌和啤酒都是以大麦为原料的。

大麦

黑麦

　　野生黑麦原产今阿富汗、伊朗、土耳其等地，在青铜器时代气候寒冷的欧洲，小麦和大麦生长不良，反倒是耐寒的黑麦能够茁壮生长。如今，在德国、波兰、俄罗斯等国家，黑麦产量仍然较高。

黑麦

燕麦

燕麦

　　燕麦分为带稃型（皮燕麦）和裸粒型（裸燕麦）两大类。其中带稃型的燕麦主要用作饲料。我国种植的燕麦以裸粒型为主，它还有一个名字叫"莜麦"。

黑麦种子

黑麦面包

重要的粮食作物——稻

稻主要分为水稻和陆稻两大类。稻的籽实叫稻谷，去壳后就是我们平时吃的大米。稻是重要的粮食作物，其生产遍布世界各地。

公元前 16 000—公元前 12 000 年，我们的祖先已经开始栽培野生稻。由于我国南北自然环境差异大，北部水稻呈椭圆形或卵圆形，米粒硬度大，黏性较大，统称为粳米；而南部米粒呈细长形，硬度小，黏性小，被统称为籼米。野生稻约 10 000 年前在长江中下游开始驯化，之后传到其他地区，又在中世纪被引入欧洲南部。

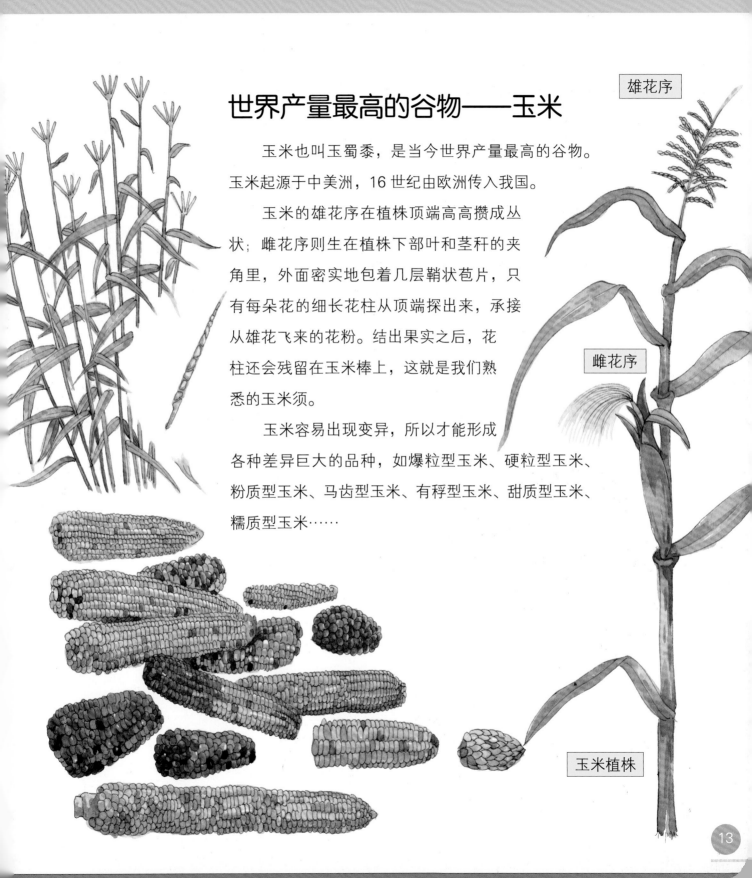

世界产量最高的谷物——玉米

玉米也叫玉蜀黍，是当今世界产量最高的谷物。玉米起源于中美洲，16世纪由欧洲传入我国。

玉米的雄花序在植株顶端高高攒成丛状；雌花序则生在植株下部叶和茎秆的夹角里，外面密实地包着几层鞘状苞片，只有每朵花的细长花柱从顶端探出来，承接从雄花飞来的花粉。结出果实之后，花柱还会残留在玉米棒上，这就是我们熟悉的玉米须。

玉米容易出现变异，所以才能形成各种差异巨大的品种，如爆粒型玉米、硬粒型玉米、粉质型玉米、马齿型玉米、有稃型玉米、甜质型玉米、糯质型玉米……

雄花序

雌花序

玉米植株

13

种植广泛的茄科植物

曼陀罗

　　茄科植物广泛分布于全世界温带及热带地区，共3000余种，我国有24属105种，全国普遍分布。

　　许多常见的蔬菜都是茄科植物，如茄子、番茄、马铃薯、辣椒等。茄科还有许多观赏植物，比如矮牵牛、曼陀罗、珊瑚豆、鸳鸯茉莉、夜来香等。此外，还有许多茄科植物有药用价值，如枸杞。

矮牵牛

茄子的果肉像海绵

　　茄子原产东南亚，4—5世纪传入我国。野生的茄子果实又圆又小。人工栽培的茄子常见的品种包括圆茄、长茄和矮茄。茄子的种子很多，小而柔软，被包裹在像海绵一样的果肉中。

圆茄

番茄的来历

　　番茄也叫西红柿，原产南美洲。16世纪传至欧洲。明朝万历年间，番茄传入我国，最初被称为"番柿"。

　　最初人们将番茄当作观赏植物，并在庭院中种植，少有人会尝试食用。18世纪中叶，少数人以食用为目的栽种番茄，之后经过不断的培育，酸甜适中的美味番茄才逐渐成为日常蔬菜。我国开始普遍栽种则是从20世纪20年代开始的。如今，番茄在我国已成为主要蔬菜之一。

马铃薯也是茄科植物

马铃薯俗称土豆，是一种草本植物，块茎可食用。在 8000—10 000 年前，南美洲的原住民就开始栽种马铃薯。他们会把生薯切片敷在断骨上疗伤，擦额头治疗头疼。

16 世纪，马铃薯传入欧洲，在 19 世纪，已成为欧洲重要的食物之一。1718 年，爱尔兰人移民时又将马铃薯带到美国。

专家认为，马铃薯最早传入我国的时间是在明朝万历年间。1679—1700 年，马铃薯在我国东南沿海已有广泛栽培。马铃薯在我国不同地区有不同名字，如山药豆、洋芋、荷兰薯等 20 多种。

马铃薯

16

辣椒

辣椒来自美洲

辣椒属植物有 20 多种，原产南美洲。目前全世界栽培最广泛的辣椒品种最早在墨西哥被驯化。

明代，辣椒传入我国，当时被称作"番椒"。直到清朝嘉庆年间，湖南、四川、贵州、江西等地才普遍食用辣椒。现在全国各地普遍栽培，成为一种大众化蔬菜。

灌木状辣椒

黄灯笼辣椒

龙息辣椒

卡罗来纳死神辣椒

卡罗来纳死神辣椒曾经被认为是世界上最辣的辣椒。现在世界公认最辣的辣椒则是个头儿只有指甲盖大小的龙息辣椒。

绒毛辣椒

绒毛辣椒广泛种植在南美洲的安第斯山脉。常见辣椒品种的花是白色，而这种辣椒的花是紫色的。它的果实是黄色或橘黄色，质地也比较硬。

风铃辣椒

风铃辣椒形状奇特，是广泛栽培的观赏植物。

丰富多样的豆科作物

合欢树

豆科是被子植物的第三大科，约有650属，18 000种，并且广泛分布于全世界。豆科植物白垩纪就已出现在地球上，在新生代变得丰富多样。对人类来说，豆科植物用途广泛，其中的乔木常被我们用作木材，例如黑黄檀、槐树等；金合欢、苏木、木蓝是传统的染料；用于食用的就更多了，例如大豆、蚕豆、豌豆、绿豆、赤豆、菜豆、扁豆、花生等。还有不少豆科植物的根部含有"根瘤菌"，这些菌类吸取大气中的游离氮素，为植物生长提供营养。

皂角

洋槐

豇豆

扁豆

蚕豆

赤豆

绿豆

蚕豆

豌豆

大豆浑身都是宝

大豆是重要的粮食作物，还是世界上种植最广泛的油料作物，它的茎、叶和豆粕则是制作牲畜与家禽饲料的主要原料。大豆原产我国，在我国的栽培史已有5000年，现在世界各国栽培的大豆，基本都是从我国传播出去的。

黄大豆

18

花生需要种在沙土里

花生的学名叫"落花生"，原产南美洲，约16世纪传入我国，现在世界各地都有栽培。

疏松的沙土地有利于花生的生长。花生不仅是食材，还是重要的油料作物。它的种子含油量达40％以上，花生油不仅可以食用，还可在工业上用作润滑剂、乳化剂，也是日用品的制作原料。

花生

豌豆营养很丰富

豌豆起源于亚洲西部及地中海地区。

我国栽培豌豆历史悠久，汉代就有相关记载，现在全国各地都有栽培。豌豆富含蛋白质和人体必需的氨基酸。以前，人们只食用其籽实，现在，其鲜嫩的豆荚、茎梢都是备受人们喜爱的食材。

葫芦花

美味的葫芦科

葫芦科是广泛分布于热带和亚热带地区的藤本植物，现在已被引种到世界各地栽培，是世界上最重要的食用植物之一。葫芦科植物螺旋状的卷须是爬藤攀缘时的强力工具。黄瓜、南瓜、丝瓜、苦瓜、西葫芦、西瓜、刺角瓜、甜瓜、佛手瓜……这些都是葫芦科植物。

葫芦

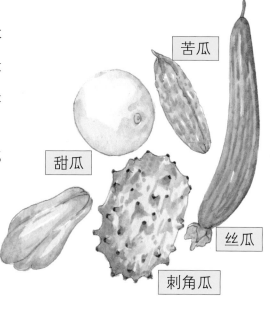

苦瓜

甜瓜

佛手瓜

丝瓜

刺角瓜

黄瓜的来历

黄瓜

黄瓜原产喜马拉雅南麓，是在汉代张骞出使西域时传入我国的，当时被称为"胡瓜"，后来又传入朝鲜半岛、日本等地，现在已成为全世界上普遍栽培的重要蔬菜了。

古罗马时代，黄瓜除了可食用以外，人们认为黄瓜还能够治愈眼部疾病，被蝎子蜇伤也会涂上黄瓜汁。

南瓜

南瓜与印第安人有关

南瓜原产美洲。哥伦布发现新大陆后，从印第安人那里将许多作物的种子带回了欧洲，其中就包括南瓜的种子。作为交换，他也将许多种欧洲作物和牲畜带到了美洲。南瓜是明朝末年被引入我国的。

埃及人栽培了西瓜

约在公元前 2000 年，埃及人就在尼罗河流域栽培了西瓜。大约在公元前 5 世纪，西瓜传入古希腊、古罗马，随后在地中海沿岸各国传播栽培。后来传入南亚的印度，然后又逐渐传播到东南亚。两个世纪后，西瓜传入西亚。到了 9 世纪，西瓜传入我国。而今天，我国是世界上西瓜产量最大的国家。

西瓜

十字形花瓣的植物

萝卜花

十字花科植物最大的特征是具有四片花瓣，呈十字形排列。十字花科植物包括一些重要的蔬菜和油料作物，例如芸薹属的白菜、甘蓝、芥菜、油菜，萝卜属的白萝卜。十字花科诸葛菜属、紫罗兰属的植物则多是观赏植物。

白菜

白菜原产我国华北，在我国有悠久的栽培历史，考古学家在位于陕西省西安市的半坡遗址发现了距今约有 6000—7000 年的白菜籽。3000 多年前的中原地带，白菜、芥菜和萝卜之类的蔬菜已经很普遍。

萝卜　芥菜

诸葛菜

大白菜

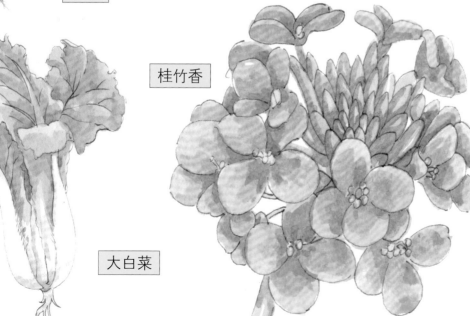

桂竹香

白菜花

结球甘蓝有多种形状和颜色，可作为蔬菜食用，也可作为饲料。最常见的结球甘蓝是在大约 13 世纪的欧洲出现的。

羽衣甘蓝

甘蓝

甘蓝是十字花科芸薹属植物，起源于地中海沿岸，早在 4000 多年前，古罗马人和古希腊人就已经开始栽培和食用甘蓝。16 世纪中叶后，甘蓝传入我国，现在在我国各地普遍栽培。甘蓝类植物有结球甘蓝、皱叶甘蓝、抱子甘蓝、羽衣甘蓝、球茎甘蓝、花椰菜、西兰花（青花菜）和芥蓝等。

花椰菜

罗马花椰菜

食用型羽衣甘蓝

西兰花

紫甘蓝

抱子甘蓝

抱子甘蓝的茎上腋芽能形成鲜嫩的小叶球。

23

五彩缤纷的菊科植物

菊科是开花植物中品种最多的一科，有 25 000—30 000 种，分布在除南极洲之外的世界各地。菊科植物的共同特征是许多小花集中生长在同一个花托上。昆虫们只需要到访一次，就能同时为许多小花传粉。常见的菊科植物有龙蒿、秋英（大波斯菊）、金盏花、翠菊、茼蒿、莴苣、莴笋、中华苦荬菜、蒲公英、向日葵等。

大波斯菊

龙蒿

金盏花

翠菊

茼蒿

品种多样的莴苣

莴苣原产地中海，是一种栽培历史悠久的蔬菜。公元前 4500 年的古埃及就有叶型莴苣。8—9 世纪，我国培育出了茎用莴苣——莴笋。欧洲人在 15—17 世纪又从散叶莴苣中选择各种类型培育出了直立莴苣、结球莴苣和皱叶莴苣。我们所熟悉的生菜、油麦菜、莴笋等都是莴苣的变种。

刺莴苣

罗马生菜

蒲公英

莴笋

油麦菜

结球莴苣（团生菜）

中华苦荬菜

永远向阳的植物

约公元前 3000 年，北美洲的原住民就已开始种植向日葵，并把它的种子磨成粉作为食物。18 世纪，有人从向日葵的种子中成功提取了油脂。此后，向日葵作为油料作物栽培。

向日葵的盘状大花朵其实是小花聚合成的。和菊科其他多数植物不同，向日葵属植物的果实没有冠毛，无法靠风传播。然而它们富含养分的种子吸引了鸟类和鼠类。向日葵以牺牲一部分种子为代价，让另一部分种子通过动物传播出去。

很多植物都会趋向有光的方向生长，成长中的向日葵叶子和花盘在白天追随太阳从东转向西，太阳下山后，花盘又慢慢往回摆，在约凌晨 3 点时，又朝向东方等待太阳升起。花盘一旦盛开后就不再转动，而是固定朝向东方。

野生向日葵

25

百合科一家

百合科植物广泛分布于世界各地，主要分布在温带与亚热带地区，大多长有根状茎、块茎或鳞茎。百合科植物中，除了一些可食用的之外，还有一些同时也可以作为药物和观赏植物。

玉竹

川贝母

百合有多种用途

百合科的百合原产于北半球的温带地区，是著名的观赏花卉，还可以提炼芳香精油。

在我国，食用百合具有悠久的历史。百合鳞茎含有丰富的淀粉，口感和质地与土豆有些类似，人们常将百合干泡发后用于煮汤、熬粥。

萱草

萱草作为食物的时候又叫黄花菜、金针菜。

卷丹

山丹

红百合

百合的鳞茎

26

胡蒜是什么呢?

蒜是百合科葱属植物,原产中亚。5000多年前的古埃及人已食用大蒜,他们认为经常食用大蒜可增强体力、抵御疾病。相传,古埃及修建金字塔的工人,饮食中必有大蒜,甚至有段时间因大蒜供应不足而罢工,直到法老重金购买了大蒜才复工。我国开始栽种大蒜距今已2000多年,因其来自西域,所以曾被称为"胡蒜"。9世纪,大蒜传入朝鲜和日本。

紫皮蒜

在16世纪初期,大蒜被探险家和殖民者带到了南美洲和非洲等地区。18世纪,大蒜又被引种到北美洲。现在,除了南极洲外,大蒜已经遍布世界。

白皮蒜

大蒜的品种按照鳞茎外皮的颜色可分为白皮蒜和紫皮蒜。蒜的植株各部分都有辛辣的大蒜素,有抑菌、杀菌的作用。

独头蒜只有一个圆球状的蒜瓣,辣味独特且浓烈,药用价值更高。但它的形成原因,其实是植株营养不足、发育不良,才无法产生多瓣的大蒜鳞茎。

蒜薹是蒜的圆柱状花茎。

蒜薹

27

蔷薇家族

全世界大部分蔷薇科植物广泛分布在北半球温带到亚热带，南半球数量很少。我国可是蔷薇科植物的分布中心！我们在生活中经常能看到蔷薇科植物的身影，比如苹果、梨、桃、樱桃、枇杷等。

梨

桃

枇杷

李

野蔷薇

庭院里的蔷薇

蔷薇是蔷薇科蔷薇属观赏花木的统称，有 200 多种，如月季、玫瑰和蔷薇。古罗马时期的人们就开始将野生高卢蔷薇移植到园中栽种。英国历史上著名的"玫瑰战争"，就爆发在以红蔷薇为家徽的兰开斯特家族和以白蔷薇为家徽的约克家族之间。

在我国，人工栽培蔷薇的历史也相当悠久。在《诗经·小雅·常棣》中提到的"常棣"即"唐棣"，就是蔷薇科植物郁李。

苹果

杏

突厥蔷薇

高卢蔷薇

白蔷薇

法国蔷薇

玫瑰和蔷薇一般只有在 5—8 月份开花，而月季花四季开不败。

月季产自我国

月季是原产我国的蔷薇科植物，汉武帝时就有栽种。1000 多年前，我国的园丁就选育出了十分接近现代月季的品种。直至 18 世纪末，我国月季的数个优秀品种先后传入欧洲，与欧洲的蔷薇种经反复杂交，在 1867 年育成了真正四季开花的杂种香水月季。

开花的玫瑰

玫瑰的花和果可以食用和药用，玫瑰是重要的芳香植物。玫瑰多是直立灌木，叶面有褶皱，枝上刺极多。

玫瑰果

杂种香水月季

29

橘子

橘子的亲戚们

第三纪初期，亚洲、欧洲和北美洲就有芸香科植物分布。芸香科植物最大的特征是整株植物都含有挥发性的芳香油。橘、橙、柚、柠檬、吴茱萸、佛手柑、橙花、花椒……这些都是芸香科植物。

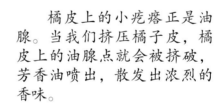

橘皮上的小疙瘩正是油腺。当我们挤压橘子皮，橘皮上的油腺点就会被挤破，芳香油喷出，散发出浓烈的香味。

栽培历史达 4000 年的柑橘类水果

我国是柑橘类植物的重要原产地，栽培历史至少有 4000 年，世界柑橘生产的重要种类大都起源于我国。葡萄柚、甜橙、柠檬是栽培数量较大的柑橘类水果。

橙花

枸橼也是柑橘

枸橼又称香橼，在我国已有2000多年的栽培史。枸橼没有多少果肉，但是可以做成蜜饯。其实很多柑橘类水果都是枸橼的"后代"！佛手柑其实是枸橼的变种。

来檬和柠檬

柠檬是枸橼和酸橙的后代，而来檬是枸橼和小花橙子的后代，俗称青柠。来檬与柠檬特征相似，只是叶子更窄些，花朵也更小一些，果实是黄绿色的。来檬的枝条上是不带刺的，果实酸味不亚于柠檬。

柚子的苦味有秘密

柚的果实有着白色松软的厚厚内皮，像海绵一样，很难剥离。这层"海绵"最大的作用是保持果实内部的水分长久储藏。柚子还有一种特殊的苦味，是由一种叫作柠檬苦素的物质引起的。

甜橙来自我国

早在公元前2500年，我国就开始种植甜橙。大概在16世纪的时候，甜橙被葡萄牙人带回欧洲，在地中海沿岸种植。约565年，欧洲人又将甜橙带到了美洲的热带地区。

有益健康的"小雨伞"

伞形科植物通常为茎部中空的芳香草本植物，有约 2500 个品种，分布在全球温热带地区。伞形科因开伞形花序而得名，包括很多日常食用的蔬菜和调料，例如芹菜、芫荽、胡萝卜、莳萝、小茴香等。伞形科植物中有不少种类可用作药材，如当归、白芷、柴胡等。

大星芹

伞形科也有一些美丽的观赏植物。花朵像闪耀的星星般美丽的大星芹就是其中之一。

当归

芫荽

芫荽又叫香菜，是大家熟悉的提味蔬菜之一。芫荽原产地中海地区，是古希腊人和古罗马人餐桌上的常客，我国西汉时由张骞从西域带回。现在，世界上大部分地区都种植芫荽。

芫荽

芫荽的种子和叶子

胡萝卜

胡萝卜是世界上最重要的根菜类植物之一。中亚地区的阿富汗人最早栽培胡萝卜。10世纪胡萝卜被引入欧洲大陆；13世纪被引入我国；15世纪传播到了英国，且在地中海沿岸开始被作为重要蔬菜种植；16世纪由我国传入日本。

由于各地的天气、土壤、地理环境等的不同，胡萝卜的颜色及形状也发生了改变，出现了形态各异的胡萝卜。

野胡萝卜

橙色胡萝卜其实是由荷兰人培育出来的。

各色的胡萝卜

香飘万里的植物

全世界有 3500 多种唇形科植物。唇形科植物花瓣连成嘴唇的形状，围绕四棱形的茎一轮一轮排列。

唇形科包含了大量的芳香植物，常见的种类有薄荷、百里香、薰衣草、罗勒、迷迭香等。作为药用植物的有黄芩、荆芥、藿香、紫苏、夏枯草、益母草等。

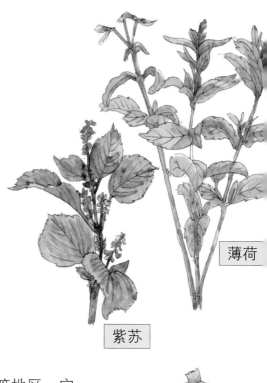

薄荷

紫苏

甜罗勒

甜罗勒是唇形科中常见的烹饪调料，气味清爽。大多数烹饪或者食物装饰所用的罗勒都是这种甜罗勒。

罗勒是西餐调味料

罗勒原产亚洲热带、非洲等地区，它不仅是烹饪调料，还被用于医药。公元前350 年左右，罗勒被商队传入希腊、罗马、埃及等地区。大约在公元 12 世纪，罗勒开始栽培于法国南部，又逐步成为西方各国烹饪中不可缺少的新鲜香草调料。

罗勒

黄芩

黄芩的花具有典型唇形科的特点。

一大丛开花的罗勒

34

芳香植物与人类历史

人类对芳香植物的利用有着悠久的历史。我国早在先秦时期就有相关记载，战国爱国诗人屈原在《离骚》中就曾提到"扈江离与辟芷兮，纫秋兰以为佩"。13 世纪起，人们开始使用蒸馏法从芳香植物中提取芳香油。在欧洲，16 世纪时人们已能成功从芳香植物中提取精油。如今，全世界已经发现芳香植物 1500 多种，大多分布在热带和亚热带地区。

古埃及人利用芳香植物的时间也很早，传说他们利用芳香植物治病。

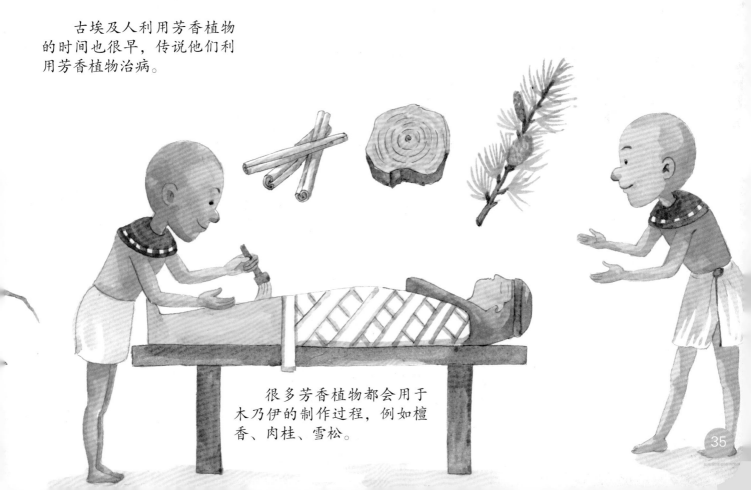

很多芳香植物都会用于木乃伊的制作过程，例如檀香、肉桂、雪松。

能制成饮料的植物

油茶

山茶科原产我国，如今广泛分布在热带和亚热带地区。山茶科中大多数植物起源于第三纪，距今约 6500 万年，由于冰川侵袭，许多山茶科植物被毁灭。

茶树

我国是野生茶树起源中心，也是栽培型茶树及茶文化的起源中心。茶树分为乔木型、小乔木型和灌木型。大叶种属乔木型，通常制红茶和普洱；中叶种属半乔木型，用于制乌龙茶；小叶种属灌木，通常制绿茶。

两三千年前，古巴蜀地区成为茶文化的起源地。唐代，种茶技术传入日本、朝鲜，之后传入欧洲、非洲、美洲。

栽培型小叶种

栽培型大叶种

茶、可可、咖啡并称为世界三大饮料作物。

茜草科有6000多种植物，广泛分布在热带和亚热带地区。其中有著名的染料植物茜草和栀子，还有世界三大饮料之一——咖啡。

栀子

栀子的果实

咖啡树

生咖啡豆

烘焙过的咖啡豆

咖啡

咖啡的故乡在非洲的埃塞俄比亚及阿拉伯半岛。公元前5世纪，阿拉伯人已栽种咖啡。15世纪以后开始大规模栽种。现在，咖啡在热带和亚热带地区广泛种植。咖啡豆是咖啡的种子，经焙炒后研磨成咖啡粉，再用热水冲煮，就是如今广受世人喜爱的咖啡饮料了！

茜草

阿拉伯人最初食用咖啡的方式是将整颗果实放进嘴里嚼烂，吸取汁液，至13世纪才有炒食咖啡的习惯。

你可能不知道的真相

Q1 人参真的能"成精"吗?

人参有药用价值的部位是根部,由于根长得像人形,所以得名"人参"。人参是我国历史上最负盛名的"仙草",在东汉成书的《神农本草经》中,将人参列为"上品"。由于这种药材十分名贵,所以人们为它编了很多神秘的故事,它当然不会成精啦!

Q2 为什么竹受人喜爱?

竹在我国分布广泛。竹的嫩芽叫作笋,可食用,味道鲜美,成熟的竹茎可以制成多种生活用品及乐器。竹的外表朴实无华,树干中空笔直,所以经常用来比喻人谦虚低调、坚韧不拔的品质。许多诗人、画家都喜欢以竹为主题进行创作。

Q3 哪些粮食能酿酒?

世界上许多地区都酿酒,而所酿出的酒的种类也与该地区的主要粮食作物有关。最早的啤酒出现在古代两河流域和埃及,因为啤酒是用大麦酿的,而大麦正是这一带的主要农作物。白酒是我国特有的一种酒,是用高粱、大米等作物酿成的。玉米、龙舌兰是原产美洲的作物,所以美洲有玉米酒、龙舌兰酒。但过量饮酒会给身体带来伤害,小朋友千万不可饮酒哦!

Q4 烟草来自哪里?

烟草属于茄科植物，原产美洲。人类利用烟草的最早记载始见于1400年前一座神殿的浮雕，上面的玛雅人在祭祀时以管吹烟。后来，烟草传入西班牙、葡萄牙等地。我国的烟草是明朝万历年间传入的。不过，吸烟有害健康，烟草中含有可诱发癌症的物质，会提升肺癌、喉癌等疾病的发病率，所以大部分国家都不提倡吸烟。小朋友也不要吸烟哦!

Q5 丝绸诞生在我国是因为桑树?

桑原产我国，桑叶是蚕的主食，我国古人发现了蚕吐丝的秘密，才制造出了丝绸。丝绸在古代是备受欢迎的奢侈品，贯通亚欧的贸易通道也因运输丝织品而得名"丝绸之路"。

Q6 豆腐竟然是来自一场失败的实验?

大豆原产我国。相传，汉朝淮南王刘安为求得"长生不老药"，召集许多方士炼丹。一次，他们想利用黄豆、盐卤等炼出丹药，却偶然制作出了白白嫩嫩的豆腐。后来，豆腐成了人们喜爱的食物，并传播到世界各地。

图书在版编目（CIP）数据

人与植物的共生/匡廷云，郭红卫编；吕忠平，谢
清霞绘. -- 长春：吉林出版集团股份有限公司，
2023.11（2024.6重印）
（植物进化史）
ISBN 978-7-5731-2246-9

Ⅰ.①人… Ⅱ.①匡… ②郭… ③吕… ④谢… Ⅲ.
①植物—关系—人类—儿童读物Ⅳ.①Q948.12-49

中国国家版本馆CIP数据核字(2023)第231035号

植物进化史

REN YU ZHIWU DE GONGSHENG

人与植物的共生

编　　者：匡廷云　郭红卫

绘　　者：吕忠平　谢清霞

出 品 人：于　强

出版策划：崔文辉

责任编辑：李金默

出　　版：吉林出版集团股份有限公司（www.jlpg.cn）

　　　　　（长春市福祉大路5788号，邮政编码：130118）

发　　行：吉林出版集团译文图书经营有限公司

　　　　　（http://shop34896900.taobao.com）

电　　话：总编办 0431-81629909　　营销部 0431-81629880 / 81629900

印　　刷：三河市嵩川印刷有限公司

开　　本：889mm×1194mm　1/12

印　　张：8

字　　数：100千字

版　　次：2023年11月第1版

印　　次：2024年6月第2次印刷

书　　号：ISBN 978-7-5731-2246-9

定　　价：49.80元

植物进化史

专家介绍

匡廷云

中国科学院院士 / 中国植物学会理事长

中国科学院院士、欧亚科学院院士；长期从事光合作用方面的研究，曾获得中国国家自然科学奖二等奖、中国科学院科技进步奖、亚洲—大洋洲光生物学学会"杰出贡献奖"等多项奖励，被评为国家级有突出贡献的中青年专家、中国科学院优秀研究生导师。

郭红卫

长江学者 / 中国植物学会理事

国际著名的植物分子生物学专家，长期从事植物分子生物及遗传学方面的研究，尤其在植物激素生物学领域取得突破性成果。2005—2015 年任北京大学生命科学学院教授；2016 年起任南方科技大学生物系讲席教授、食品营养与安全研究所所长。教育部"长江学者"特聘教授，国家杰出青年科学基金获得者，曾获中国青年科技奖、谈家桢生命科学创新奖等重要奖项。